AF456605

EXPOSITION UNIVERSELLE DE 1867

ENTOMOLOGIE APPLIQUÉE

LES INSECTES UTILES

(VERS A SOIE ET ABEILLES)

LES INSECTES NUISIBLES

PAR

MAURICE GIRARD

Président de la Société entomologique de France.

EXTRAIT DE LA PUBLICATION SPÉCIALE SUR L'EXPOSITION UNIVERSELLE DE 1867
PAR LA SOCIÉTÉ IMPÉRIALE ZOOLOGIQUE D'ACCLIMATATION

PARIS
LIBRAIRIE AGRICOLE DE LA MAISON RUSTIQUE
26, RUE JACOB, 26
1867

LES

INSECTES UTILES

I. — VERS A SOIE.

Les insectes les plus utiles à l'homme sont ceux qui font de la soie, source d'une industrie de premier ordre; les produits des Abeilles n'ont plus qu'une importance secondaire depuis l'extraction du sucre cristallisable et la fabrication de l'acide stéarique. Les producteurs de soie compteront toujours au premier rang le ver à soie ordinaire ou *Sericaria mori*, auquel on doit adjoindre des espèces auxiliaires dont la nécessité se fait sentir de plus en plus. Pour l'étude de ces insectes à l'Exposition, je dois regretter profondément que les occupations de M. de Quatrefages et de M. Guérin-Méneville viennent priver le comité d'études de leur inappréciable concours. Les remplacer, c'est assumer une responsabilité redoutable et dont je connais tous les périls; cette déclaration rend ma tâche plus aisée.

L'épizootie terrible dont le terme semble reculer de plus en plus et se dérober à nos espérances explique pourquoi l'Exposition nous offre à peine de spécimens de magnaneries. La grande culture de la soie disparaît pour faire place à de petites éducations n'engageant que les plus faibles capitaux, et les personnes les plus expérimentées se bornent à des tentatives de grainage très-lucratives pour elles, quand leur localité se trouve dans de bonnes conditions hygiéniques, mais qui profitent malheureusement bien moins à l'intérêt général, car les meilleures graines ne tardent pas à donner une descendance infectée quand on les transporte.

La France occupe nécessairement le premier rang dans tout examen méthodique de l'Exposition de 1867, puisqu'elle présente le plus grand nombre d'exposants et rend dès lors les points de comparaison plus faciles et plus multipliés quand on passe aux pays étrangers.

Les produits de la sériciculture française se trouvent surtout rassemblés dans la classe XLIII, galerie 5 du palais. Le plus simple sentiment de justice m'amène à parler d'abord d'une exposition de types d'insectes séricigènes, faite au point de vue de l'étude pratique, par M. Guérin-Méneville, que sa position mettait hors de concours. On peut suivre dans une série de cadres les spécimens de tous les producteurs de soie dont l'introduction en France a été tentée avec des succès variables par M. Guérin-Méneville, ou à laquelle il a contribué pour sa part. On passe successivement en revue, dans cette collection, les Attacides suivants : *Attacus cecropia*, de l'Amérique du Nord, cocon ouvert, nourri de prunier, succès médiocre; *A. polyphemus*, à beau cocon fermé, dévidable en soie grége, élevé depuis quatre ans en grand à Boston par M. Trouvelot ; *A. Roylei*, de l'Himalaya, envoyé par M. Hutton, essayé en 1864 sur le chêne, à cocon anguleux à plusieurs enveloppes, insuccès; *A. mylitta*, avec cocon de soie *tussah* obtenus en France, élevé plusieurs fois sur le chêne, ne s'accouplant pas; le même fait s'est reproduit cette année même à la magnanerie du bois de Boulogne; *A. yama-maï*, introduit dès 1861, et dont nous aurons à reparler en détail, succès partiels; M. de Bretton, en Autriche, a obtenu près de 300 000 œufs de cette espèce en 1866, et il a dû faire en 1867, sur une grande échelle, trois éducations en Moravie, en Autriche, en Esclavonie; *A. hesperus*, de la Guyane, apporté par M. Micheli, à cocon ouvert dévidé par M. Forgemol, espèce à exploiter sur place et dont l'acclimatation n'est pas à tenter, car elle est originaire d'un climat trop chaud; même remarque pour *A. Bauhiniæ*, du Sénégal, envoyé par M. le général Faidherbe, à cocon fermé, dévidé par M. Forgemol; *A. atlas*, immense papillon de l'Himalaya, nourri sur l'épine-vinette, à cocons envoyés par M. Hutton, de Musorée, avec éclosions en France, non suivies de reproduction. On doit citer surtout M. Guérin-Méneville pour les deux espèces auxiliaires asiatiques du type *cynthia*, qui figurent dans son exposition. L'une est l'*A. arrindia* ou du ricin, élevée en 1854 pour la première fois par M. Milne Edwards, et dont la propagation fut aussitôt entreprise par la Société d'acclimatation fondée la même année; elle a peu d'intérêt pour nous, en raison de la faiblesse en soie du cocon, et surtout à cause de l'impossibilité de nourrir la chenille en hiver dans nos climats. Cependant M. Vallée, au Muséum, élève toujours une race provenant de métis et presque entièrement revenue au type *arrindia* pur, avec ce fait intéressant qu'il est parvenu à obtenir des chrysalides passant l'hiver. Au contraire, la seconde espèce ou race l'*A. cynthia vera*, ou de l'ailante, soit pure, soit hybridée avec l'autre, a pour nous une grande importance; ces métis sont élevés sur le ricin au Paraguay et dans la Confédération argentine. Envoyée d'Italie à M. Guérin-Méneville, l'espèce fut introduite par lui en France en 1858, et élevée immédiatement avec succès par plusieurs personnes, notamment par madame Drouyn de Lhuys. Aujourd'hui, c'est-à-dire en moins de dix ans, l'espèce est non-seulement acclimatée, mais naturalisée à l'égal des insectes indigènes; elle devra figurer dans les catalogues de Lépidoptères français, comme la *Chariclea delphinii*, noctuelle introduite d'Orient depuis longtemps avec le pied d'alouette des jardins. Ainsi, pour ne citer qu'un exemple personnel, j'ai reçu cette année des papillons très-vigoureux de cette espèce, provenant des ailantes de jardins, pris rue de Vaugirard et rue des Postes. Je suis persuadé que ce succès complet de l'acclimatation doit ramener l'attention sur cet insecte, puisqu'on peut en faire l'éducation à l'air libre et sans frais. On ne saurait nier que son cocon ouvert ne soit médiocrement soyeux, mais M. Aubenas, de Loriol, a prouvé qu'on peut le dévider en grand en soie grége, et n'attend pour lui livrer sa filature que le jour où les producteurs le lui fourniront d'une manière assurée en quantité considérable.

Il faut entreprendre les éducations du ver de l'ailante dans des conditions spéciales qu'on ne doit pas omettre si l'on veut attendre un produit rémunérateur. On fera bien de s'en abstenir dans le centre et le nord de la France, où le climat rend incertain la réussite de la seconde génération de l'année; il n'en est pas de même dans les localités arides du midi, dont on pourra planter en ailante les coteaux presque incultes; on sera assuré de deux récoltes, on ne craindra pas les oiseaux pour la première, vu le manque d'eau, ni les guêpes pour la seconde, si l'on opère assez loin des villes.

En reprenant, après cette digression inspirée par un sujet qui rentre si complétement dans les attributions de notre Société, l'exposition de M. Guérin-Méneville, nous aurons à indiquer un dernier cadre destiné à montrer la grande extension géographique qu'a reçue l'espèce du ver à soie ordinaire. On y trouve associés des cocons blancs, de Cayenne, de l'éducation de M. Micheli; des cocons jaunes, effilés, pointus, assez médiocres, du cap de Bonne-Espérance, par M. Hiddingh; de beaux cocons blancs et nankins, de Quito, dont la graine se trouve chez M. Antony Gelot: enfin une éducation faite en Pologne par MM. Kurtz et Hignet, ayant donné de très-gros cocons, les uns blancs, les autres d'un jaune soufré.

Dans la même salle, une grande vitrine montre au public les résultats obtenus par M. Chabod fils, de Lyon, des exemplaires tirés de la magnanerie et non triés, ce qui est le mieux quand on expose. Les éducations Chabod se font sur branchages, et les papillons éclos pondent sur toile. On pouvait voir ces éclosions dans la première quinzaine de juillet; les rameaux, pleins de cocons, offraient des Japonais blancs de 1866, et une seconde éclosion de race du même pays, en août 1866; des cocons d'un jaune nankin, d'un grain un peu gros, mais bien fournis; des cocons jaunes de graine du pays, éducation de 1866; d'énormes cocons blancs, de race perse, dont une première éducation a été faite à Lyon; mais les grosses femelles à ventre graisseux et dénudé qui se traînaient à Paris sur la vitrine n'indiquaient que trop la dégénérescence, et ne devaient donner qu'une mauvaise graine; c'est là le triste résultat que présentent aujourd'hui presque toutes les graines introduites en France; succès d'abord, puis générations infectées. Un carton de cocons indique des races diverses qui ont été élevées par la maison Chabod; ce sont : Perse, blancs, déjà cités; Macédoine, cocons jaunes et blancs, médiocres de forme, un peu pointus; Nouka et Bucharest, gros cocons d'un jaune nankin pâle; deux beaux lots de cocons français, blancs et nankins, gros, bien faits, fournis; deux lots japonais blancs et verts (c'est-à-dire d'un jaune verdâtre), petits, très-bien faits, comme le sont d'habitude les japonais, bien étranglés au milieu et arrondis aux bouts. Un autre cadre offre des cocons choisis, mais sans indication de dates pour l'éducation, d'un grand intérêt comme types de belles races : 1° Balkans (Russie asiatique), d'un jaune vif, gros, un peu longs; 2° Perse, blancs et nankins, énormes cocons longs et larges; 3° Bulgarie et Valachie, blancs et jaunes-verts, gros cocons un peu pointus; 4° Nouka (Caucase, Russie d'Asie), cocons longs, de divers jaunes; 5° Bucharest, cocons pointus, nankins et jaunes vifs; 6° Philippopolis (Levant), cocons blancs, assez gros, médiocrement faits; 7° Macédoine, jaunes vifs, jaunes vert pâle, blancs, cocons très-pointus; les races macédoine m'ont partout paru médiocres; 8° Chine, blancs et jaunes, cocons moyens, bien faits; 9° Japonais, blancs et verts, petits, très-bien faits; 10° Français, les uns ovales et d'un jaune nankin, les autres ovales et blancs, d'autres, enfin, jaunes nankins, oblongs, à bouts ronds. Ces trois dernières séries sont magnifiques; ces cocons français sont un peu moins gros que ceux de Perse, d'un grain plus régulier, moins bosselés. Malheureusement, ces cadres ne nous disent pas si les graines de ces belles races existent encore saines, et ce serait l'important.

M. Chabod fils s'est aussi occupé des espèces auxiliaires, et c'est ce qui rend son exposition de grainage la plus complète parmi les exposants français. On y trouve, parmi les cocons fermés, des cocons de l'*A. mylitta*, les uns de l'Inde, les autres de *Schangaï*, avec échantillons des soies que donnent les diverses robes du cocon; l'*A. Pernyi* (ver à soie du chêne de Mantchourie), qui a été élevé autrefois à Lyon; l'*A. yama-maï* du Japon, avec des échantillons de soie filée; dans les cocons ouverts sont ceux des *A. arrindia* et *cynthia vera*, qui sont très-ordinaires comme qualité, et de grands cocons gris, pédonculés, à cordon d'attache plat, analogues de forme et de couleur à ceux du ver à soie de l'ailante, sans étiquette nominale. Ce sont des cocons de l'*A. aurota*, espèce commune au Brésil. Cette espèce a pour les membres de la Société un intérêt tout actuel. Un grand nombre de ces cocons a été remis à la magnanerie du bois de Boulogne par M. Dionisio Martins, commissaire du Brésil à l'Exposition universelle, et on a pu voir pendant le mois de juillet les magnifiques papillons, aux ailes marquées de grandes taches nacrées trigones et veinées de pourpre; pour la première fois, cette espèce s'est reproduite en France, et, après des essais variés et infructueux, on a reconnu que les petites chenilles mangent la feuille de fusain avec laquelle M. J. Pinçon procède en ce moment à leur éducation. Il faut faire cette remarque que c'est là une exhibition de curiosité scientifique, car l'*A. aurota* appartient à un pays trop chaud pour que son acclimatation soit appropriée à notre climat; seulement l'attention se trouve appelée sur une espèce dont on pourra tirer parti au Brésil pour l'usage local et pour l'exportation.

La sincérité la plus complète a présidé à l'exposition séricicole de mademoiselle C. Dagincourt, à Saint-Amand (Cher) (médaille de bronze); pas d'artifice destiné à attirer l'œil, les cocons sur la bruyère, les cocons attachés pour l'éclosion sont disposés sans ordre, les papillons courent et pondent partout; on est bien certain d'avoir sous les yeux le résultat d'éducations récentes, et on peut voir l'état des reproducteurs destinés au grainage. Mademoiselle Dagincourt a très-bien réussi pour une race à gros cocons blancs indiquée comme sina, et paraissant être un croisement de race sina et de race perse, avec un blanc plus beau que celui des races perses pures, et des œufs qui ne tiennent qu'à moitié sur la toile; les races perses pures ont une graine sans enduit, ne tenant pas, et qu'on récolte en pliant la toile; de même les races de Grèce. En 1866, mademoiselle Dagincourt a élevé ces sinas et des moricauds aussi à gros cocons blancs, et d'autres moricauds devenus bivoltins; on sait que les vers moricauds, c'est-à-dire à peau brunâtre, constituent en général des races robustes. En 1867, les éducations nous offrent ces mêmes moricauds, des moricauds-japonais croisés blancs, des japonais blancs bivoltins, de peu d'intérêt pour nous parce que notre climat ne comporte bien que l'éducation de printemps. Il est intéressant encore d'examiner les éducations faites à Saint-Amand en 1866, avec de la graine pondue à Quito en novembre 1865, et donnant des cocons jaunes, et une autre race provenant de graines de Montevideo (Uruguay), et de novembre 1865. Ces graines saines des exportations américaines servent aujourd'hui par réciprocité à nos graineurs dans leurs tentatives pour refaire nos races industrielles, et se trouvent en dépôt chez M. A. Gelot.

Un joli bouquet de fleurs artificielles distrait la vue au milieu des cocons et des insectes de mademoiselle Dagincourt; la matière première est formée de cocons découpés. Enfin les vers auxiliaires ont aussi fait partie des éducations de Saint-Amand, et en 1866 et 1867 ont été obtenus de très-beaux cocons de ver de l'ailante, d'un gris jaunâtre, clair, bien faits, aussi riches en soie que le comporte l'espèce; avec cela des échantillons de bourre ou soie de l'ailante cardée, et des papillons éclosant sous la vitrine, robustes, bien colorés.

A côté de l'exposition précédente se trouvent les soies et cocons de race bronski (médaille de bronze); cette race, formée et élevée depuis 1847 au château de Saint-Selve (Gironde) par mademoiselle Christine de Bronno-Bronski, présente de très-beaux cocons blancs, gros, allongés, de forme un peu variable; on admire l'éclat immaculé des soies gréges habilement disposées sur un fond d'un bleu vif; mais pourquoi seulement des cocons triés, choisis, sans date d'éducation? J'aurais bien préféré des bruyères ou des claies à cocons permettant d'apprécier le plus ou moins d'égalité dans le produit et les proportions relatives des cocons de divers choix.

Les autres exposants ne présentent en général aussi que des cocons pris dans le premier choix. Il faut en excepter les religieuses ursulines de Montigny de Vingeanne (Côte-d'Or). Ces dames élèvent, depuis dix ans avec succès et en plein air, une race bourguignonne améliorée, et ont envoyé, filés sur ramuscules de colza, d'énormes et magnifiques cocons blancs, non étranglés, ovoïdes, dont quatre cents pèsent un kilogramme. Citons encore, dans la classe XLIII, madame Estève, pour un très-beau succès d'une race mixte, sina et perse, élevée à Lignières (Cher) en 1867; madame veuve Durival, de Romorantin (Loir-et-Cher), dont les éducations sont exemptes de maladies. Les femmes, avec leurs habitudes de soins délicats et minutieux, font à merveille ces petites éducations saines destinées au grainage, et qui sont le seul profit de la sériciculture indigène actuelle. J'ai regretté de n'avoir pas vu figurer à l'Exposition quelque envoi de mademoiselle de Lavergne, de Brives (Corrèze); on ne peut rien trouver de plus parfait que les cocons de nos anciennes races milanaise et sina, qu'elle a obtenus en 1866 et 1867, au milieu d'éducations atteintes d'épidémie. J'ai noté encore des cocons portugais, milanais et japonais, de M. de Laverrie, canton de Saint-Cyprien (Dordogne); de beaux cocons milanais d'un jaune pâle, de M. Costes, à Ambert (Puy-de-Dôme); un essai d'amateur, de M. Fumet, à Dombine, près Cluny (Saône-et-Loire), sur une belle race blanche de Chine à sa troisième éducation, de beaux cocons nankins et de la graine, obtenus en 1866 et 1867 à Solenzara (Corse) par M. F. Jacquinot. Le défaut de place a obligé de renvoyer à la classe XXXI, celle des soieries, une remarquable collection qui appartient réellement à la classe XLIII. Elle est plutôt scientifique qu'industrielle, et se compose de cocons de toutes les provenances, dont bien des races ont disparu depuis l'épidémie des vers à soie; elle appartient à M. Duseigneur Kléber, filateur de soie, membre de la Chambre de commerce de Lyon, et contient les types de l'ouvrage qu'il a publié sous le nom d'*Histoire des transformations du cocon du ver à soie du* XVIe *au* XIXe *siècle*.

Dans la classe XLIII se trouve enfin une exposition consacrée uniquement aux vers à soie auxiliaires, celle de M. C. Personnat. On y voit de beaux cocons de l'*A. cynthia vera*, sa soie cardée, sa soie dévidée, des échantillons d'étoffe; ce sont surtout les nombreux cocons de l'*A. yama-maï*, ou ver à soie du chêne du Japon, qui méritent d'arrêter notre attention. En effet, parmi les insectes auxiliaires, c'est la seule espèce dont la soie se rapproche notablement de celle du *S. mori*, et qui pourrait la remplacer en partie. Sa nourriture permettrait d'utiliser une masse énorme de matière végétale perdue dans toute la partie tempérée et méridionale de l'Europe, la feuille de chêne, en la transformant en matière textile par l'intermédiaire d'un être vivant. L'éducation peut se faire en plein air, sur des chênes en taillis protégés par des filets contre les oiseaux, et la génération annuelle de l'*A. yama-maï* est trop printanière pour craindre les guêpes, si avides de la chair des jeunes chenilles. L'immense intérêt pratique de cette acclimatation a engagé

M. Personnat à y consacrer ses soins presque exclusifs. Une petite magnanerie de vers à soie du chêne a été installée près de la porte en regard de l'École militaire. Elle se compose d'un hangar couvert, mais largement aéré par les côtés, qui contient des baquets d'eau où plongent des branches de chêne sur lesquelles vivaient les chenilles; puis, afin de montrer un élevage libre en même temps que l'élevage au rameau, à la suite existe un petit enclos où sont plantés des chênes de diverses espèces. Les petites chenilles furent nourries selon les deux procédés. Il en est resté peu sur les chênes de l'enclos, car le terrain a été livré à M. Personnat beaucoup trop tard; les chênes ont mal repris, de sorte que les petites chenilles n'avaient qu'une nourriture et surtout un abri insuffisants; en outre, comme elles se cachent avec soin sous les feuilles, beaucoup de personnes ne sachant pas les apercevoir ont cru à un insuccès complet. Dans ma visite intérieure, faite le 8 août, j'ai trouvé des cocons attachés aux feuilles dans l'enclos. L'élevage au rameau, sous le hangar, a lieu au moyen de branches de chêne cueillies tous les jours au bois de Boulogne. Les premiers vers exposés ont bien marché; ceux qui ont été retardés à dessein par M. Personnat, afin de pouvoir laisser les belles chenilles vertes à taches d'argent de cette espèce, plus longtemps sous les regards du public, ont offert un certain nombre de sujets malades et tombant des feuilles. Beaucoup de personnes ont cru à un échec en voyant les chênes de l'enclos morts en partie par la raison que nous avons donnée, et surtout à l'aspect des rameaux flétris sous le hangar, qui firent croire à un abandon. C'était tout simplement que, l'accroissement terminé, on avait laissé ces branchages destinés au coconnage des chenilles. Au commencement d'août, de beaux cocons d'un vert jaunâtre, pleins de chrysalides vivantes, durs, à bouts fermes et bien arrondis, les garnissaient. L'éclosion des papillons et la ponte constitueront la dernière phase de cette exposition.

Les éducations de M. Personnat ont lieu en France et avec succès, à Laval, en plein air, par les soins du directeur et des élèves de l'École normale primaire, et à Niort, partie en plein air, partie au rameau (1). M. Personnat se dit en mesure de pouvoir disposer d'un kilogramme de graine bien saine à 10 francs le gramme. L'éducation, dont un petit spécimen a eu lieu sous les yeux du public à l'Exposition universelle, est à sa cinquième génération en

(1) Consulter : *Le ver à soie du chêne*, par C. Personnat, 3e édition, Paris, librairie de la Maison rustique, 26, rue Jacob.

France, et provient d'un faible lot des graines envoyées par M. Pompe van Meerdervoort, et remis à M. Personnat par la Société d'acclimatation. Ce résultat, et d'autres succès partiels, sont de nature à nous permettre d'espérer l'introduction définitive de cette précieuse espèce en Europe, bien qu'aussi de nombreux insuccès, en plusieurs localités, nous avertissent combien les années calamiteuses que nous traversons sont peu favorables aux tentatives d'introduction de nouveaux insectes séricigènes. On ne saurait trop recommander pour l'*A. yama-maï* toute l'importance de la première partie de l'éducation. Il faut renouveler très-fréquemment l'eau des rameaux sur lesquels on porte les chenilles sorties de l'œuf, et surtout les placer en plein air, car les chenilles en chambre close sont atteintes de la pébrine.

J'ai regretté beaucoup de ne pas voir à l'Exposition des magnaneries qui avaient été annoncées pour la France, notamment celle de madame la baronne de Pages, née de Corneillan, et celle de M. Givelet, spéciale à l'*Attacus cynthia vera*, et qui formait la partie la plus originale et la mieux réussie de l'exposition des insectes en 1865.

Dans le parc, on trouve encore quelques lots de cocons français. Le bâtiment annexe, placé près de l'École-Militaire, et contenant l'exposition collective agricole du département du Bas-Rhin, à la suite de celle du Nord, offre de beaux cocons blancs jaunâtres, de M. A. Cornil de Lavergne, au Sandhof, près Bischwiller, diverses races, surtout japonaises, une dite jaune d'Alsace, de MM. Schaaff et Lauth, de Strasbourg, et des cocons du ver de l'ailante, très-bien fournis, de la magnanerie expérimentale de M. E. Heyler. Dans le même bâtiment, on voit aussi des cocons blancs, jaunes et d'un nankin blanchâtre, récoltés en 1865 et 1866 aux Anges, en Sologne, sans maladie, montés sur bruyère. La qualité des cocons est médiocre pour les jaunes, qui sont peu fournis; meilleure pour les autres.

A côté de cette annexe, un petit pavillon est destiné à l'École d'agriculture de Grignon, dirigée actuellement par M. Bella. La sériciculture y est dignement représentée. On remarque des cocons et des soies de deux races blanche et jaune du Japon, de première éducation à Grignon ; des cocons jaunes de race de Russie, de quatrième éducation;, des cocons de Grèce, d'un jaune blanchâtre, beaux et serrés pour cette race; des cocons et des soies de race de Turquie, de même couleur, plus renflés : ces deux races aussi à leur quatrième éducation à l'École. L'intérêt capital est celui offert par des cocons et des soies de notre ancienne race sina, que son admirable blancheur faisait réserver pour les tulles et blondes de soie sans teinture. Ces vers, fournissant des cocons admirablement faits, d'un grain si fin et serré, se reproduisent à l'École depuis trente et un ans, et la race a été envoyée au directeur par M. C. Beauvais, provenant des éducations faites aux bergeries de Senars. Les cocons exposés sont de l'éducation de 1866. Il est malheureusement bien à craindre qu'on ne perde cette belle race, non par la pébrine, mais par la maladie des *morts-flats*, qui a tué le tiers des vers en 1866, et beaucoup plus en 1867. La magnanerie de Grignon est donc sous l'empire des mêmes causes délétères que celle du bois de Boulogne, dans laquelle toutes les races autres que lesjap onais de provenance directe ont péri cette année par les *morts-flats*, les *arpians*, etc.

Nous voyons enfin dans l'exposition des colonies françaises figurer de nouveau quelques-uns des insectes déjà indiqués par M. Guérin-Méneville, et en plus l'*Attacus selene* de l'Inde, propres à l'Inde, au Sénégal, à la Guyane ; des échantillons de dévidage en soie grège de M. le docteur Forgemol, lauréat hors classe de notre Société, d'après le procédé spécial décrit par lui dans notre *Bulletin*, 1864 ; ces soies proviennent de cocons doubles du *S. mori*, de cocons percés par la sortie du papillon du *S. mori*, des *A. yama-maï*, *mylitta*, *Pernyi*, enfin des cocons naturellement ouverts des *A. cynthia vera*, *arrindia*, *Bauhiniæ*, *hesperus*, *cecropia*. Madame la baronne de Pages (de Corneillan) a présenté des échantillons de cocons, de soies filées et tissées des diverses races de *Sericaria mori*, élevées par elle, et des *Attacus cynthia*, *arrindia*, *mylitta*, *Pernyi*, *yama-maï*, *Bauhiniæ*, *cecropia*. De la Guyane viennent des cocons de ver à soie du mûrier, d'un blanc jaunâtre, de M. Micheli, et de l'île de la Réunion, de beaux cocons blancs et jaunes (MM. Orré, de Ménardière); malheureusement dans nos colonies de la zone torride les pluies torrentielles de la saison humide nuisent beaucoup aux éducations du *S. mori* et compensent l'avantage d'un climat permettant d'élever des vers polyvoltins. L'Inde française a des cocons de l'*A. mylitta* (soie tussah) et, ce qui est intéressant, des cocons et de la soie filée de l'*A. selene*, espèce à longue queue aux ailes inférieures, envoyés par M. Perrottet. La Cochinchine offre des cocons jaunes, très-pauvres en soie, indiqués d'une espèce annamite, vivant sur le mûrier, et succédanée de notre ver à soie. De la côte d'Afrique sont des soies grèges de Porto-Novo, apportées par M. le baron Didelot, des cocons de l'*A. Bauhiniæ* du Sénégal, de la soie et des cocons d'un nouveau bombycien du Sénégal, encore inédit, du genre *La-*

siocampa, envoyés par M. Parcevaux (médaille de bronze). Ces cocons, d'un gris brunâtre, sont associés, comme ceux de nos processionnaires du chêne et du pin, et malheureusement mêlés des poils épineux provenant des chenilles elles-mêmes.

L'Italie est le seul pays qui nous offre à l'Exposition universelle une magnanerie de vers à soie ordinaire. Elle est destinée à appeler l'attention publique sur un système spécial dont l'inventeur est M. le docteur Delprino (1), et son exposition à Paris a reçu l'appui du conseil provincial d'Alexandrie et des chambres de commerce d'Alexandrie et de Cuneo. L'appareil est appelé *cellulaire-isolateur* parce qu'il est destiné à permettre à chaque ver, au moment de donner son cocon, de venir se placer, isolé des autres, dans une petite case où il filera un cocon unique, attaché par la bave aux parois de la cellule. En outre, l'appareil ou château peut être placé au milieu d'une salle, sans endommager les parois, et en permettant de circuler tout autour. On peut voir ces châteaux dans la galerie des machines, à l'annexe italienne, et enfin, en plus grande quantité, à Billancourt, sous le hangar A. M. Delprino avait eu l'heureuse idée de garnir ces appareils de diverses races de vers à soie qui ont été élevées en 1867 dans l'Italie septentrionale, ce qui a permis d'y montrer des cocons de toutes les grosseurs. On y trouvait surtout des japonais annuels, blancs et verts, d'origine nouvelle, et qui ont donné en Italie une bonne récolte ordinaire, tandis que les anciens japonais, devenus italiens, n'ont fait que demi-récolte, et les portugais des quarts de récolte. La race corse a donné une récolte entière, mais elle était rare, et les milanais n'ont pas réussi. J'ai vu dans les cases Delprino de très-beaux milanais jaunes, pareils à ceux qu'élève à Brives mademoiselle de Lavergne, une race de macédoine jaune, médiocre, et enfin des trivoltins, objet de curiosité, inutiles.

L'appareil soumis à l'examen des séricicultenrs de toutes nations se compose de deux parties, la cabane ou caisse et l'armature. La première est formée de montants verticaux soutenant de légers planchers mobiles ayant environ 1 mètre de long sur 50 centimètres de large. Sur chacun on place les vers, et un système de coulisses permet de retirer horizontalement chaque tablette séparée

(1) Consultez, sur ce sujet, les brochures suivantes de M. Delprino : *La nouvelle sériciculture*, avec planches. Acqui, 1867. — *Résultat du nouveau système de l'éducation des vers à soie*. Acqui, 1867. — *Perte dans le produit de la soie par les systèmes actuels*. Acqui, 1867.

pour donner la feuille, etc. L'armature, qui constitue l'invention capitale de M. Delprino, consiste en claies verticales disposées sur les côtés des tablettes et constituées par deux séries perpendiculaires de petites planchettes de bois de mûrier ou de peuplier, ayant environ 3 centimètres de large, et formant ainsi les petites cases cubiques dans chacune desquelles doit se loger un cocon. En outre, des claies sont disposées obliquement au-dessus du château et aux extrémités des tablettes, afin que tous les vers trouvent à se loger. Il est évident pour moi qu'il y a là une modification plus parfaite, mais aussi plus compliquée, de la claie coconnière Davril (celle qui est employée à la magnanerie du bois de Boulogne), invention tombée dans le domaine public et imaginée pour parer aux nombreux inconvénients des bruyères ou branchages, inutiles à rappeler ici. La coconnière Davril se compose de tasseaux parallèles, laissant entre eux l'intervalle d'un cocon, disposés sur les bords et au-dessus des planchettes à vers, en forme d'échelons. Le système Delprino, au lieu de laisser libre dans un sens l'espace destiné aux cocons, le ferme dans les deux.

Nous allons exposer et discuter en même temps l'appareil. Il peut être placé au milieu d'un appartement, sans appui sur les murs et par suite sans les endommager; mais ceci n'est pas spécial au système. M. Delprino insiste beaucoup sur ce fait que, si le ver à soie ne trouve pas, lors de la montée, à se loger tout de suite pour filer, la soie des glandes sérifiques (glandes salivaires modifiées) se résorbe peu à peu, au point qu'au bout d'un certain temps la chrysalide se forme sans cocon. Avec son appareil le ver ne tarde pas à trouver une case vide. Voilà, il faut le dire, un inconvénient que toutes les méthodes peuvent offrir et auquel elles peuvent remédier, du moment qu'on n'entasse pas trop les vers et qu'on leur donne un enramage proportionné à leur nombre. On évite, avec les cases Delprino, les taches que les cocons morts font au-dessous d'eux sur les cocons sains; c'est là un mérite spécial à cet appareil. On diminue beaucoup le nombre des cocons doubles, rejetés à la filature. D'après M. Delprino on a, sous ce double rapport, 15 pour 100 d'avantage avec ses cellules pour les races indigènes, et 25 pour 100 pour celles du Portugal ou du Japon qui produisent plus de doubles et de cocons tachés par des déjections caustiques. Il faut remarquer que les doubles existent encore avec les cases Delprino comme avec les coconnières Davril, mais bien diminués dans les deux méthodes. J'ai vu à Billancourt quelques cocons doubles, surtout dans les blancs, et il y en a eu quelques doubles dans l'essai, fait sur une très-petite échelle, des coconnières à cellules à la magnanerie du bois de Boulogne. Avec les coconnières Davril, en 1849, M. J. Pinçon obtint dans sa magnanerie dix quintaux de cocons milanais avec si peu de doubles que, les ayant vendus d'abord 6 fr. 50 c. le kilogramme, il reçut du filateur un supplément de prix de 50 centimes par kilogramme. Les coconnières Davril offrent un déramage plus facile que les cases Delprino, qui exigent pour décoconner rapidement un appareil supplémentaire, de manœuvre assez délicate et demandant de l'attention.

C'est avec les coconnières Davril qu'il faudra comparer, par une observation de détail, et en notant soigneusement les frais respectifs, les châteaux isolateurs de M. Delprino. Le prix de revient de ceux-ci est, d'après lui, pour cinq rayons suffisants pour l'enramage de 30 grammes de graine, produisant 50 kilogrammes de cocons, de 125 francs, brevet compris.

J'ai été frappé d'abord d'un défaut grave, selon moi, dans les appareils exposés. Les planches à vers ne sont qu'à 25 centimètres de distance l'une de l'autre, et je crois qu'il est nécessaire de mettre le double, soit 50 centimètres, si l'on veut un aérage suffisant. Il faut bien remarquer, et c'est la conséquence reconnue par tout le monde et qui résulte du beau travail de M. de Quatrefages sur la maladie actuelle du Ver à soie, qu'on ne parviendra à mettre fin à l'épidémie qu'en rapprochant le plus possible les vers à soie des conditions naturelles; il est nécessaire avant tout d'aérer et de ne pas trop élever la température. Le défaut habituel des éducateurs italiens est de trop entasser les vers.

Pour les éducations les plus nombreuses en France, celles des paysans du Midi, les appareils de toute nature ont peu de chance d'être accueillis. Ils ne veulent faire aucune autre dépense première que celle absolument indispensable; chacun dispose des vers dans sa maison sur tous les supports possibles. Lors de la montée, on se procure à la hâte les branchages que le pays fournit, et, le décoconnage fait, on les jette ou on les brûle. Les coconnières, soit Davril, soit Delprino, devraient être nettoyées et serrées avec précaution en lieu sec pour l'année suivante. Il faut de la place et des soins; c'est beaucoup trop pour nos paysans. L'appareil Delprino, au contraire, pourra convenir pour les éducations des graineurs, car il laisse au ver qui file un bien meilleur aérage que les bruyères, en attendant que les grandes magnaneries puissent se rétablir; mais qui oserait aujourd'hui faire ces frais préliminaires des immenses éducations d'autrefois c'est toujours une heureuse pensée qu'a eue

M. Delprino d'offrir son système à l'examen et à la critique; il y a là d'excellentes choses pour un avenir plus heureux.

La collection des matières premières d'Italie (palais) présente des cocons jaunes et nankins de la Société économique agricole de Pérouse, très-riches en soie (médaille de bronze). Dans l'annexe italienne, il n'y a pas autre chose concernant la sériciculture que l'appareil Delprino. On trouve à la classe XXXI, dans l'Exposition du palais, de belles soies gréges à divers filateurs.

Le Portugal, où la sériciculture a reçu un grand développement, a beaucoup moins apporté de produit de ce genre à l'Exposition qu'on aurait pu le supposer, et l'intérêt de ce pays y eût cependant beaucoup gagné, car les graineurs aux abois recherchent maintenant les cocons portugais, se portant toujours de préférence sur les pays où la maladie sévit moins intense. M. José Marçal Brandao, de Porto (mention honorable), expose de superbes cocons, gros, d'une soie fine et serrée, d'une couleur nankin terne, et une autre race de petits cocons d'un blanc jaunâtre un peu trop tachés de déjections, probablement d'origine japonaise. De l'orphelinat du baron de Nova Cintra, à Porto (médailles d'argent et de bronze), proviennent plusieurs races de cocons nankin et des cocons placés dans une soucoupe de verre, attirant les regards par leur couleur d'un jaune brillant; ils sont d'une finesse et d'un grain incomparables. La commission du district de Bragance a envoyé des rameaux de genêt chargés de cocons d'un jaune nankin, d'origine japonaise, à bouts bien faits et durs, des japonais blancs, des cocons verts et de gros cocons d'un jaune terne, pareils à ceux de M. de Brandao. Il y a encore une quinzaine de bocaux de cocons portugais placés maladroitement à une telle hauteur qu'ils sont complétement perdus pour le public.

Je n'ai trouvé pour l'Espagne qu'un coffret contenant des cocons d'un jaune pâle, de grosseur moyenne, semblant d'origine japonaise par la forme, fermes et bien faits, provenant de Lérida et exposés par D. José Moles, et un lot de soies filées, les unes jaunes, les autres blanches, celles-ci d'origine japonaise, de D. Salvador Gonzalez, de Valence (médaille de bronze).

L'Autriche est un pays très-propice à la sériciculture, surtout dans sa partie méridionale, dans l'Esclavonie, dans l'Istrie, etc. On remarque les cocons de divers producteurs de l'Istrie, notamment de beaux cocons jaunes, de race milanaise, de M. F. Sotto Corona. La Société hongroise pour l'introduction des vers à soie a centralisé les envois de plusieurs exposants, ainsi de beaux et gros cocons blancs et blancs verdâtres, de races paraissant persanes, et de petits cocons verts japonais, par M. F. Brezino, instituteur à Prague; des cocons blancs, sina et japonais, de M. Franz Steyrer à Prague, des graines sur papier et des cocons japonais verts et nankins, de M. Antonio Wukassinoviz, inspecteur royal de la sériciculture à Essek (Esclavonie), etc.

Les envois étrangers surtout manquent complétement des dates qui, dans ce moment d'épidémie croissante, sont d'une grande importance et auraient un intérêt commercial si direct pour les exposants, en raison des demandes du grainage.

La Turquie compte un grand nombre d'exposants. La sériciculture y est représentée par de très-beaux cocons (médaille d'or) envoyés par M. Louis Brotte, filateur à Brousse (Anatolie). Ils offrent les types des belles races de ces régions privilégiées et notamment de très-belles races persanes pures. On y doit signaler d'abord trois races de cocons blancs originaires d'Anatolie : 1° oblongs, gros, graine Lefkey; 2° étranglés, gros, graine Songourlouk; 3° longs, étranglés, pointus, graine Méhémet Effendi de Mohalitz; 4° nankins, gros et longs, graine de Roumélie, reproduite deux années en Anatolie; 5° gros cocons d'un jaune vif, graine de la mer Caspienne; 6° énormes cocons, des plus gros qui existent, nankins, graine des environs de Dailliat; 7° gros, verts, graine du Caucase; 8° jaunes, moyens, graine de Roumélie. Ces quatre derniers lots sont de première éducation en Anatolie. Viennent ensuite des soies gréges d'un blanc pur, d'un blanc nankin, jaunes et vertes. La maison d'exportation de produits turcs de A. Ovaness Dédeyan expose, avec d'autres objets, de beaux cocons d'un blanc nankin, de Smyrne.

En Roumanie, dans les matières premières rangées contre le mur extérieur de la galerie des machines, on remarque trois bocaux de cocons de trois races, d'un blanc pur et d'un blanc nankin, bien faits, un peu étranglés au bout, envoyés par la Société d'agriculture de Pantélimon, près de Bucharest, et une vitrine sans étiquette contenant des japonais blancs et verts, reproduits, et des cocons d'un jaune nankin, de race analogue aux milanais.

L'exposition de Grèce contient des cocons blancs récoltés à l'école d'agriculture de Nauplie, puis des cocons provenant de divers arrondissements, entre autres des cocons japonais verts et blancs (petites races) et de grosses races jaunes des arrondissements de Calamata et de Sparte; en outre, deux vitrines sans étiquettes pleines de cocons de diverses races, surtout de gros cocons d'un jaune nankin pâle, un peu mous.

La Russie dans ses provinces caucasiennes du S.-E. produit beaucoup de soie, et les graines de Nouka et du Caucase ont eu pendant plusieurs années la préférence pour le grainage dans l'Europe occidentale, jusqu'à ce que l'épidémie, marchant peu à peu vers l'Orient, eût atteint ces régions. On trouve dans l'exposition russe quelques lots de très-beaux cocons, notamment dans la Tauride une race de petits cocons blancs oblongs, étranglés au milieu, arrondis aux deux bouts, d'une magnifique soie fine et serrée.

L'exposition du Japon, parvenue à Paris après un assez long retard, se trouve en partie à son rang dans le palais et en partie contre le mur extérieur de la galerie des machines attenant à la rue d'Afrique. On y revoit ces petits cocons blancs et verts qui remplissent les marchés européens depuis plusieurs années, médiocrement prisés des filateurs. Dans certains lots, j'ai remarqué des cocons jaunes verts plus beaux que les japonais d'Europe et surtout des cocons blancs plus gros que ceux que la graine importée du Japon nous donne d'habitude, d'un grain admirable. Il est certain que les Japonais ne livrent pas à l'exportation leurs meilleures races. Ces cocons sont, en plus beau, à peu près pareils à des cocons blancs que m'a montrés M. Guérin-Méneville, et qui proviennent de sa tournée dans l'Isère, cocons très-bien faits, un peu étranglés, bien arrondis et fermes aux deux pôles. Ils proviennent de la récolte de 1866 et d'une graine dite des cartons de l'Empereur, distribués sur son ordre et provenant d'un don fait à Sa Majesté par le gouvernement du Japon. La graine n'en fut pas recueillie, à cause de la certitude où l'on était de son infection. On voit encore, parmi les cadres d'insectes japonais, un cadre contenant toutes les phases de la vie de l'*A. yama-maï*. Les papillons sont exactement pareils à ceux que nous obtenons en France, et ont comme eux des types à fond jaune vif, gris jaunâtre et lie de vin. Les cocons, d'un vert pomme vif pour la plupart à la couche externe, adhèrent aux feuilles sèches d'une espèce de chêne, le *Quercus serrata*, Thunberg (1), dont la feuille allongée et dentelée ressemble à s'y méprendre à celle du châtaignier. Dans l'intérieur du palais, on remarque des bocaux de cocons verts et blancs, du ver du mûrier, d'un très-joli grain, provenant du gouvernement du Taïshiou de Satsouma.

Dans l'exposition de la Perse figurent quelques chapelets de cocons blancs et jaunes des grosses races du pays, sans aucune indication.

(1) *Quercus echinacea*, syn. Torr, c'est le chêne qui, au dire des Japonais, convient le mieux à la nourriture du ver *yama-maï*.

La Prusse enfin, bien que son climat soit peu favorable à la sériciculture, a cependant quelques exposants. Il faut chercher leurs envois dans les produits placés contre le mur extérieur de la galerie des machines. Le principal sériciculteur prussien est M. Heese, de Berlin. Il s'occupe à la fois des éducations de diverses races du *Sericaria mori* et de plusieurs attacides auxiliaires. On voit dans sa vitrine des cocons japonais blancs et verts, des cocons chinois jaunes, milanais nankins et un croisement, d'un jaune vif, de milanais jaunes et de japonais verts; en outre, des échantillons de cocons des *Attacus cynthia, arrindia, yamamaï, Pernyi, Cecropia, ceanothi*, cette dernière espèce n'ayant encore été élevée qu'à Berlin et non en France. A côté sont des rameaux de bouleau, chargés de cocons japonais blancs et verts, de M. Bratke, à Osterwiek, et un lot de très-beaux cocons blancs, japonais ou peut-être sina, obtenus dans une région bien septentrionale, par M. Lellis, instituteur primaire à Marienbourg, gouvernement de Dantzig. Ces cocons sont très-durs et d'une soie bien serrée. Ce sont là des conquêtes accidentelles et forcées sur un climat incertain, souvent rebelle, et ces victoires prussiennes ne doivent pas nous porter ombrage.

La colonie anglaise de Port-Natal (Afrique australe) a envoyé quelques échantillons de soies gréges et des cocons jaunes, médiocres, pointus, à bouts peu soyeux, provenant, d'après le catalogue, de neuf exposants. C'est une tentative qui est bonne à citer au point de vue géographique. A nos antipodes, la Nouvelle-Zélande a maintenant, dit-on, des éducations prospères du ver à soie du mûrier, mais je ne sache pas qu'on ait encore adressé en Europe des échantillons de leur produit.

La nouvelle colonie australienne de Victoria offre aussi, parmi les matières premières, des cocons très-défectueux, sans étiquette ni indication au catalogue.

Une seule des machines de l'industrie séricicole doit être signalée dans mon rapport, où je n'ai pas à m'occuper de l'industrie de la filature de la soie; c'est un appareil à étouffer les chrysalides des cocons au moyen de l'air chaud, et qui peut aussi servir à sécher les conserves et à enfumer les salaisons. C'est une série de cadres étagés, en treillis de toile, chaque cadre pouvant s'enlever horizontalement à volonté, en glissant sur des galets roulants. La machine du prix de 2400 francs, construite par M. Fontaine, d'Avignon (Vaucluse), se trouve à Billancourt, sous le hangar B.

II. — ABEILLES.

Les exposants de l'apiculture, en y comprenant ceux qui n'ont envoyé que des miels et des cires, sont plus nombreux que pour la soie naturelle; cela ne s'explique que trop par les désastres dont on ne prévoit pas le terme et qui accablent en Europe l'industrie séricicole.

Je laisserai complétement de côté les envois composés seulement de miel en pots, cires jaune et blanche, bougies de cire et cierges, car une Société zoologique comme la nôtre doit s'occuper surtout des produits naturels, sans préparation, et des instruments destinés directement à leur récolte. Il me reste donc à rendre compte, à la Société, des ruches de toutes formes et en très-grand nombre que nous trouvons à l'Exposition, dans le parc et dans les divers pavillons annexes qu'il renferme, très-peu dans le Palais, et la majeure partie à Billancourt où le compartiment Z leur a été affecté; elles y sont placées sous un léger abri de planches.

Par une sage mesure de prudence, en raison du grand nombre de ces ruches, la commission impériale a dû proscrire les abeilles au cruel aiguillon et ne laisser que des ruches vides; quelques essaims d'abeilles, indispensables pour faire comprendre le mécanisme des ruches d'observation, ont été tolérés dans le parc.

Avant de présenter l'examen des ruches, donnons quelques indications générales.

La ruche ordinaire est une cloche habituellement en paille, où les abeilles suspendent leurs gâteaux, toujours en commençant par le haut. Pour récolter le miel, il faut la déplacer et démolir l'intérieur et pour cela transvaser les abeilles, sinon les étouffer, méthode barbare contre laquelle protestent tous les apiculteurs intelligents.

On a imaginé alors d'ajouter à la ruche, par-dessus, un chapiteau ou capuchon, auquel la partie inférieure communique par un trou. On place cette calotte au printemps, alors que commencent à paraître les fleurs à miel, et on l'enlève, à époque variable selon les pays, ne laissant pour l'hiver que le corps de ruche avec le miel qui nourrira les abeilles.

Il est souvent besoin de réunir des colonies trop faibles pour subsister seules, et c'est à quoi servent les ruches à hausses qui permettent également le renouvellement des rayons, les récoltes partielles de miel et l'essaimage artificiel par division. Elles sont formées de plusieurs cases ou hausses de mêmes dimensions, ayant chacune un plancher à claire-voie. On les grandit par le bas d'autant de hausses qu'il en est besoin, en même temps que par le haut on opère une récolte plus ou moins complète.

Dans les ruches précédentes, quelques baguettes disposées çà et là servent aux industrieux insectes à suspendre les gâteaux; il faut alors récolter tout ou une partie déterminée à l'avance; si l'on ne veut prendre qu'une portion, on brise l'édifice et on porte le trouble chez ses habitants irascibles. Il fallait remédier à cet inconvénient. C'est à quoi servent les ruches soit à feuillets, soit à cadres mobiles, soit à rayons, permettant d'enlever un ou plusieurs gâteaux, sans endommager les autres et sans déranger sensiblement les abeilles. Dans la ruche à rayons, on dispose verticalement des planchettes vers le haut de la ruche, d'ailleurs, de forme diversifiée; à chacune les abeilles attachent des gâteaux. On en met un nombre variable et on restreint la capacité totale de la ruche à volonté par un plancher vertical; l'expression dernière de ce système est la ruche Dzierzon, si en faveur en Allemagne. La ruche à feuillets, inventée par le célèbre Huber pour ses observations, est formée de châssis verticaux mobiles s'emboîtant ou se déboîtant à volonté, et dont on augmente ou diminue le nombre en raison du développement de la population ailée dont elle abrite le travail, en permettant facilement les manipulations et les récoltes. Comme cette ruche, ordinairement en bois, était peu avantageuse en hiver où les Abeilles n'étaient pas assez garanties contre le froid, on a eu l'idée de renfermer, dans un corps de ruche ordinairement prismatique, une série de cadres mobiles verticaux, dans lesquels les abeilles incrustent leurs gâteaux; en enlevant la cloison antérieure, on retire ou l'on ajoute à volonté des rayons. Nous trouvons, comme expressions perfectionnées de ce système, les ruches Prokopovich, Debeauvoys, Langstroth. Enfin, les ruches mixtes réunissent et combinent les divers systèmes précédents. Telles sont les ruches usitées soit pour la pratique villageoise, soit pour la grande industrie agricole.

Une autre classe de ruches comprend les ruches d'observation. Il est difficile, pour la plupart des personnes, de manier facilement la ruche à feuillets d'Huber, primitivement inventée dans ce but.

On a disposé autour de toute la ruche, ou autour d'une portion isolée des autres, des parties vitrées, ou simplement des regards en certains points, permettant de suivre, sans danger pour l'observateur et sans trouble pour les abeilles, leur curieux travail, et aussi de connaître au juste le moment des essaimages, les opérations intérieures à effectuer, l'état et la quantité du produit, l'affaiblissement maladif, l'entrée des ennemis. J'avoue toute ma prédilection pour la ruche d'observation.

Les précédentes sont les ruches du villageois ou du grand propriétaire; celle-là est la ruche de la bourgeoisie, du jardin d'agrément, de la maison de campagne où l'homme intelligent vient chercher le repos. Son prix plus élevé ne permet pas d'autre emploi; je voudrais en voir quelques-unes dans chaque villa, de la plus modeste à la plus riche. Elles fournissent le miel et la cire nécessaires à la maison. En outre, elles sont un sujet plein d'intérêt, de continuelles distractions. Il y a toujours beaucoup à apprendre sur les abeilles, et nous n'avons même pas la clef de certaines assertions d'Aristote.

Les vers à soie sont des animaux complétement abrutis par une domestication profonde, des espèces de créatures factices, chez lesquelles la domination pesante de l'homme a presque anéanti l'instinct même, et qui, incapables de se tenir sur les feuilles, sauraient à peine vivre en liberté. Au contraire, les abeilles ont une incontestable intelligence qu'elles nous manifestent par les combinaisons les plus imprévues. Rien de plus curieux que de suivre les travaux de ces serviteurs à demi sauvages, imposant toujours à leur maître une sorte de crainte respectueuse.

Que d'idées fausses les ruches d'observation vont détruire! L'homme a la manie de voir partout des sujets de comparaison avec lui-même, son pauvre orgueil admet avec peine la variété indéfinie des œuvres du Créateur.

Il se figure chez les abeilles une reine, une monarchie, une république présidée, que sais-je? Qu'il se procure une ruche d'observation et il verra que la colonie qui l'occupe réalise une tout autre idée, une conception nouvelle, inattendue : dans les règnes organiques, tout est subordonné à la formation de reproduction. Chez les abeilles, au lieu d'exiger deux espèces d'individus, elle en demande trois.

La mère ne sait que pondre, d'autres mères imparfaites sont les nourrices et les architectes des berceaux et des armoires aux provisions. Aucune suprématie; chacun remplit son rôle prédestiné, sachant modifier au besoin les formes ordinaires si le grand intérêt de la reproduction l'exige. Où la révolte est impossible la subordination est inutile.

Singulière souveraine que cette mère timide, tellement paralysée par la peur, quand on la saisit, qu'elle ne sait plus se servir de son redoutable aiguillon, fuyant au moindre danger dans les parties les plus reculées de la ruche, alors qu'un intrépide bataillon de neutres se précipite en bourdonnant sur l'agresseur : retenue captive par ses compagnes dans la ruche et même dans sa cellule, nourrie par elles, dirigée, au besoin, par la force, vers les alvéoles qui doivent recevoir sa ponte !

On comprendrait mal sans ces explications préliminaires l'étude des ruches de l'Exposition et l'on n'y verrait plus qu'une nomenclature à peine compréhensible.

En commençant notre examen par le parc, nous trouvons dans l'avenue de Saxe, contre le petit pavillon de l'école de Grignon, le rucher de la Société centrale d'apiculture, dont une partie des ruches sont habitées. Les abeilles sont bien nourries et ont en conséquence donné des mâles au delà de l'époque ordinaire à Paris ; ce ne sont pas seulement les fleurs qui les alimentent, elles ont fureté par toute l'Exposition et dévoré le miel des diverses nations quand les fermetures étaient insuffisantes, et en outre le sucre sous ses formes multiples ; aussi sont-elles maudites par ces marchandes de bonbons qui vendent aux promeneurs les mêmes produits, mais sous des costumes de tous pays.

Le rucher, construit par la Société *la Ménagère*, contient d'abord les ruches que M. Hamet cherche à propager de préférence, au point de vue de l'économie et de la conduite la plus facile. Aussi, tant au rucher du parc qu'à Billancourt, M. Hamet nous présente un grand nombre de ruches rustiques, à chapiteau ou à hausses en paille ou en bois. Ce sont, dans les premières : une ruche à chapiteau ou cabochon, façon des Vosges, employée dans une partie de la France orientale et de la Suisse, et qui convient à d'autres régions en modifiant la grandeur du chapiteau et du corps de ruche ; une ruche normande à chapiteau, qui est usitée notamment dans le Calvados, dont la flore mellifère est bien fournie au printemps ; le corps de ruche, qui a une issue par le haut comme le précédent, est un peu bombé au lieu d'être plat, son chapiteau est aussi en dôme ; une ruche, dite Lombard-Radouan, dont le chapiteau en cloche, exactement de même diamètre que la ruche cylindrique, semble faire partie de celle-ci. L'exposant a régularisé le plancher à claire-voie de cette ruche qui, à cause de son chapiteau peu étendu, convient dans les localités pauvres en ressources mellifiques. Le corps de ruche droit rend faciles les réunions de ruches par superposition ; une ruche de même forme, fabriquée par le métier Durant, et dont le plancher est en paille, percé d'un trou.

Les ruches de la seconde catégorie comprennent : 1° une ruche à trois hausses en paille, des plus commodes, chaque hausse de quinze centimètres de hauteur sur trente-trois centimètres de diamètre, chaque hausse avec un plancher à claire-voie régularisé; 2° une ruche à trois hausses en bois, de même disposition; 3° une ruche à trois hausses avec chapiteau, construite au métier Durant; les hausses sont moins élevées et la ruche peut en recevoir quatre au lieu de trois; le chapiteau peut être supprimé ou remplacé par un chapiteau quelconque ou par une hausse. Toutes ces ruches peuvent être confectionnées sur place par la plupart des possesseurs d'abeilles, et leur prix de revient n'est pas élevé.

M. Hamet a aussi exposé des ruches d'observation. Les deux plus simples, qu'on ne voit qu'au rucher et non à Billancourt, sont des ruches de paille surmontées d'une cloche de verre; celle-ci est couverte par un chapiteau mobile qu'on soulève doucement, grâce à une ficelle et à une poulie de renvoi, quand on veut observer les abeilles, et qu'on a soin de redescendre aussitôt après, car ces insectes ne travaillent que dans l'obscurité; ce genre de ruches permet seulement de voir l'ensemble du travail et le pourtour des gâteaux, mais non une face isolée. Pour observer le travail de détail sur une ou deux faces d'un gâteau, il faut se servir d'une ruche quadrangle en bois, avec cadres mobiles intérieurs. En ouvrant un volet, on aperçoit, à travers une glace, une face de gâteau. Si l'on veut étudier le travail sur les deux faces du gâteau, on surmonte cette ruche, en guise de chapiteau, d'un cadre de bois à deux vitrages, c'est-à-dire de la ruche plate de Bosc ne contenant qu'un seul rang de gâteaux. En hiver, on enlève ce cadre supérieur. On retrouve cette même ruche à Billancourt. Enfin, M. Hamet expose un dernier système constitué par une ruche ordinaire en paille que l'on surmonte d'un cadre métallique circulaire à deux glaces, avec une douille creuse par laquelle passent les abeilles; on a ainsi à la fois et la ruche de produit et le cadre d'étude qu'on enlève l'hiver. Pour attirer les abeilles dans ces cadres supérieurs, il est bon d'y placer quelques morceaux de gâteaux ou une gaufre artificielle de cire, curieuse invention allemande dont nous parlerons plus loin, car elle fait la spécialité d'un exposant.

Un grand intérêt s'attache aux ruches d'observation du rucher; elles sont remplies d'abeilles italiennes (*Apis ligustica*) à ventre d'un brun fauve. Ce sont les abeilles que la Fable donne pour nourrices à Jupiter enfant et que chanta Virgile. Les abeilles françaises qu'on trouve dans les ruches de paille (*Apis mellifica*) sont plus foncées. Les abeilles italiennes ont été introduites en France, en 1860, par

M. Hamet. La première des ruches à cloche de verre a donné un essaim italien comme la souche, puis deux essaims secondaires métissés, dus à une mère italienne et à un mâle français; il est très rare qu'on évite ce fait, car les mères s'accouplent toujours de préférence loin de leur ruche à des mâles de l'autre espèce ou race, en raison de cette harmonie providentielle qui tend à éviter la consanguinité.

A côté de M. Hamet sont les ruches d'observation de M. Warquin, de Bellevue (Aisne). L'une est une boîte carrée à cadres intérieurs, avec volet qu'on ouvre, et l'autre est formée de trois ruches plates ou trois cadres superposés à deux glaces. Elle est d'été seulement. M. Warquin a adopté la spécialité des abeilles italiennes; c'est dans cette dernière ruche que j'ai eu le plaisir, le 8 août, en ouvrant le volet d'un des trois cadres, de voir une superbe reine italienne, à long ventre blond, fendant avec peine un flot pressé d'ouvrières dont quelqu'une se détournait constamment pour donner la becquée à la mère du peuple. Les ruches d'observation attirent les visiteurs au point qu'il faut attendre son tour. M. Warquin possède encore la mère italienne que lui donna M. Hamet il y a six ans; par suite de sa vieillesse, elle commence à donner un couvain sujet à la pourriture ou *loque*. Il faut encore signaler dans le rucher un appareil breveté de M. Delinotte, de Paris, qu'on retrouve à Billancourt (Z). C'est une ruche mixte, à la fois à feuillets et à hausses, par ses divisions verticales et horizontales, avec parois mobiles sur les coins, permettant la récolte, le calotage, la visite intérieure sans déranger les abeilles; une ruche mixte à divisions analogues de M. Bœnsch, d'Algérie, que l'auteur essaye de répandre dans notre colonie, et une ruche arabe.

A côté du rucher, l'École de Grignon expose quelques ruches villageoises en paille dont elle se sert, de beaux gâteaux de miel, des cires jaunes en pains parallélipipédiques bien préparés, de l'eau-de-vie de cire, de l'œnomel, de l'hydromel.

Dans l'exposition collective du département du Nord (annexe près de l'École-Militaire), M. Wandewalle, de Berthen, a placé les ruches usitées dans le nord de la France et donnant de 6 à 7,5 kilogrammes de miel; ce sont des ruches villageoises en paille, avec calotte, des ruches normandes où la pose de la calotte sert à empêcher l'essaimage, et des ruches à hausses propres au renouvellement facile de la cire et à l'essaimage artificiel.

Pour achever la revue des exposants apicoles français, il faut nous transporter à Billancourt. Dans le compartiment Z, situé près du petit bras non navigable de la Seine, nous rencontrons des ruches, de M. Hubert (hors concours), en osier, soit simple, soit enduit de mortier de bouse. Ce sont des ruches cylindriques à capuchons, minces et légères, mais exigeant dès lors une capote de paille ; puis une ruche intéressante construite d'après le système de M. l'abbé Bouguet, de Montluel, par M. P. Gautier, instituteur à Béligneux (Ain). C'est une ruche à feuillets en paille, peu coûteuse ; un plancher de bois reçoit une série de cadres de paille, en demi-cercle allongé, juxtaposés verticalement et garnis de baguettes horizontales ; le fond est en paille, à l'opposé est une porte de bois. Cette ruche est commode pour récolter le miel, former des essaims artificiels, réunir des ruches faibles, nourrir une ruche épuisée en lui ajoutant un feuillet rempli de gâteaux. Le même exposant présente un mellificateur en verre pour faire couler au soleil ou devant le feu, sans pression, le miel des gâteaux. M. Mauget, à Argences, a des ruches normandes en paille, cylindriques, avec chapiteaux ; M. Blum une ruche à hausses carrées en paille et une ruche à cadres de bois placés à l'intérieur de casiers verticaux en paille ; M. l'abbé Monrocq, curé de Romilly (Eure), de petites ruches carrées, en bois blanc, à cadres internes, dont les parois très-minces exigent un empaillage ; M. Lefèvre, instituteur à Mortefontaine, une ruche à hausses en bois, à épaisses parois ; M. Faivre, de Seurre (Côte-d'Or), médaillé à plusieurs expositions, une énorme ruche à cadres, carrée, à épaisses parois, et de petites ruches pastorales, en boîtes rectangulaires de sapin ; une ruche en bois à couvercle supérieur, avec segments mobiles internes en forme de cadres circulaires, une ruche du système Féburier perfectionné ; une ruche à compartiments mobiles en bois, de forme quadrilatère bizarre, un mellificateur, de beaux gâteaux. M. Carbonnier, de Paris, expose des ruches cylindriques en carton revêtu d'une feuille d'étain, simples, à hausses, à chapiteau. Cette invention est bonne ; les ruches très-légères et la feuille métallique, à la fois peu émissive et peu absorbante, convient contre les mois de frimas et de chaleur ; il faut couvrir de paille. M. Krug expose une grande ruche de bois à cadres, à trois étages, avec portières en glace, expérimentée à Vincennes, chez M. le maréchal Vaillant (1). M. Casimir Caron, de Seine-et-Marne, envoie des ruches

(1) Les deux ruches exposées à Billancourt par M. Krug n'y sont restées que pendant quelques jours. Il les avait amenées avec leur population ; les employés, raignant qu'il n'en résultât quelque inconvénient pour les visiteurs, l'ont forcé à

normandes en paille. Puis vient la ruche dite l'Aumônière, de M. l'abbé Sagot, curé de Saint-Ouen-l'Aumône, près de Pontoise. Cette ruche est une boîte prismatique remplie de cadres verticaux, surmontés de greniers en forme de triangles mobiles à deux côtés en bois. C'est la ruche Debeauvoys avec les greniers mobiles en plus.

les enlever. C'est alors qu'il les a transportées à Vincennes, dans la propriété de Son Excellence le maréchal Vaillant.

La ruche de M. Krug est à trois étages, et chaque étage reçoit douze cadres; mais quand l'essaim y est introduit, on ne laisse à sa disposition que six cadres à l'étage inférieur et six cadres au-dessus. Un cadre, mobile et vitré, de la hauteur des deux étages, forme une cloison qui leur interdit l'accès du reste de la ruche. Ce cadre se déplace, et l'on agrandit la partie habitée à mesure de l'avancement du travail des abeilles. Elles sont ainsi forcées de garnir jusqu'au bas les seuls cadres qui forment leur première demeure; autrement elles ne rempliraient que le haut des gâteaux. Le cadre mobile est couvert d'une étoffe noire qui maintient la ruche dans une complète obscurité; mais, en soulevant cette espèce de rideau, il est facile de suivre les opérations des abeilles et de savoir quand il convient d'augmenter le nombre des cadres.

Un des avantages de la ruche de M. Krug est celui-ci : Dans les autres ruches du même genre, celle de M. de Beauvoys, par exemple, on enlève les cadres verticalement en les soulevant ; dans cette manœuvre, les ailes des abeilles sont froissées, ce qui les irrite; aussi faut-il avoir soin de se garantir le visage et les mains. La ruche nouvelle est disposée de telle sorte que, pour chaque étage, on enlève les cadres horizontalement, en les faisant glisser dans la rainure qui les supporte. On les dépose, l'un à côté de l'autre, sur deux petites barres de bois présentant le même écartement que les parois de la ruche. Les abeilles ne témoignent pas la moindre irritation, même quand on les déplace ainsi au plus fort de leurs travaux; aussi M. Krug procède toujours le visage découvert. A Billancourt, il a démonté complétement sa ruche en présence des membres du jury et de nombreux visiteurs. A Vincennes, il a remis un jour, entre les mains de la nièce du maréchal Vaillant, le cadre sur lequel était posée la reine, que cette dame a pu examiner à son aise pendant plus d'un quart d'heure.

Cette facilité de manier les cadres permet à M. Krug de gouverner sa ruche comme il l'entend.

Ainsi, quand une population est faible, il peut y remédier au moyen de plusieurs gâteaux enlevés à une forte ruche, et contenant des nymphes près d'accomplir leur dernière métamorphose.

Quand une ruche faible se prépare à essaimer, ce qui est un inconvénient grave, l'apiculteur intercale dans la ruche des cadres contenant du couvain, et d'autres au milieu desquels il a appliqué une feuille mince de cire gaufrée. Les abeilles, ayant ainsi beaucoup de besogne dans l'intérieur de la ruche, ne songent plus à émigrer.

La feuille de cire qui est employée dans d'autres systèmes présente une grande utilité. Dans notre climat, après le mois de juin, les abeilles peuvent bien encore

Un autre modèle de cette ruche est placé dans le palais, à cette classe XLIII qui renferme l'amalgame le plus diversifié : celle-là a ses parois de bois remplacées par des glaces, pour montrer le mécanisme interne, et tourne sur elle-même comme les poupées de cire des coiffeurs. Derrière est un cadre bordé de superbes rayons de miel, portant en lettres faites avec des morceaux de rayons : *Vive Napoléon III, à lui nos cœurs reconnaissants*, 1867, *Sagot*. Comme on voit, M. le curé a trouvé une manière pittoresque d'exposer à la fois de bons sentiments et de beaux produits. Puis est une ruche à hausses, en bois blanc, de M. Dupont, d'Atticby (Oise), avec un toit trièdre; par la forme extérieure, cette ruche rappelle la ruche Sagot, mais elle est sans cadres. M. E. Thierry Mieg, de Mulhouse, a envoyé une ruche en bois, très-longue, de 1 mètre environ, avec cadres internes, mobile dans toutes ses parties, avec recommandation de remplir, en hiver, les vides avec de la mousse.

Le hangar B, à Billancourt, contient des ruches et divers appareils

faire du miel, mais ne trouvent plus assez de provisions pour faire la cire. Sur la feuille qu'on leur donne, quel qu'en soit le peu d'épaisseur, elles trouvent le moyen d'extraire la matière qui formera la cloison des cellules. M. Krug, au surplus, regarde le gaufrage de la feuille comme inutile.

Il a inventé une petite machine fort simple qui permet d'enlever tout le miel des gâteaux sans les détruire. C'est une boîte de bois dont le fond, incliné et percé d'un trou, correspond à un vase qui sert de récipient. Au milieu de la boîte se trouve un axe vertical, mobile, auquel on adapte, d'un seul côté, un châssis de bois capable de contenir un des cadres-rayons de la ruche. Après avoir enlevé, avec une lame fine, la pellicule de cire qui recouvre les alvéoles, on place le rayon dans le châssis. Au moyen d'une ficelle qu'on enroule à l'extrémité supérieure de l'axe, on lui imprime un mouvement rapide de rotation, et le miel est projeté contre les parois de la boîte d'un des côtés du rayon. On détache alors le rayon, on le retourne, et par un second mouvement de rotation on achève de le vider. Après cette opération, le cadre ne conserve aucune parcelle de miel ; la cire reste intacte et n'a subi aucune déformation.

Cette manière de récolter le miel peut être utile, même au point de vue économique ; mais elle présente d'autres avantages.

Ainsi, dans les beaux jours, les abeilles rapportent souvent à la ruche le miel en si grande abondance, qu'elles en remplissent toutes les cellules, même celles qui sont destinées à recevoir le couvain. La reine alors ne sait plus où déposer ses œufs. Des gâteaux tout formés, avec leurs cellules vides, viennent fort à propos dans ces moments de presse.

Ainsi encore, quand on a recueilli un essaim, si l'on place dans la ruche quelques-uns de ces rayons vides, on les voit presque immédiatement remplis de miel ; c'est que les abeilles qui composent la jeune colonie s'étaient munies de provisions ; elles se sont hâtées de dégorger, dans les cellules mises à leur disposition, le miel qu'elles d'apiculture. On y voit un nourrisseur de M. Warquin et des ruches du même exposant en plus grande quantité que dans le parc; une ruche en forme de petite maison avec toit en tôle et des cadres intérieurs; une ruche d'observation à quatre fenêtres avec glaces sur les quatre faces verticales; deux ruches en bois à hausses, l'une à trois étages de cadres mobiles, l'autre à deux; au bas de celle à trois étages est une grille servant à enlever les mâles dans la bourdonnière, cage en fils de métal, et au bas de celle à deux hausses, une grille un peu plus serrée pour éviter l'essaimage. On voit à côté un appareil à transvaser les abeilles envoyé par l'inventeur, M. Moreau-Barbou, de Thury (Yonne); une haute ruche à hausses en bois blanc, cylindrique, à quatre hausses, avec capuchon en bois séparé des hausses par un plancher muni de cinq trous à fermetures mobiles à volonté, de M. Paupy, à Perrigny (Yonne). Je trouve encore, sous le même hangar B, une ruche en bois, sur un support élevé, avec dix cadres verticaux ayant environ 30 centimètres de haut, une portière

avaient emmagasiné dans leur estomac et qui devait les faire subsister pendant plusieurs jours.

On doit comprendre, au surplus, qu'avec la ruche de M. Krug rien n'est plus facile que de former un essaim artificiel. Il ne s'agit que de prendre, dans une ruche bien peuplée, cinq ou six cadres dont les cellules contiennent des œufs, des larves, des nymphes, et aussi quelques alvéoles royaux. On place ces cadres, avec les abeilles qui s'y tiennent, dans une nouvelle ruche dont on ferme l'entrée, et que l'on dépose, pendant trois jours entiers, dans un lieu obscur. On peut alors la reporter au rucher; les abeilles, qui ont mis en liberté une des jeunes reines, ne songent plus à retourner à l'ancienne ruche.

Dans une ruche où l'essaimage n'a pas lieu, il devient nécessaire de remplacer la reine au bout de trois ans, parce qu'alors sa fécondité diminue. Avec le système de M. Krug, il est facile de supprimer l'ancienne reine et d'en substituer une nouvelle, mais celle-ci est immédiatement mise à mort par les abeilles. Pour empêcher ce meurtre, l'habile apiculteur sort tous les cadres de la ruche, puis, avec un goupillon, il les mouille complétement. Il s'empare alors de la vieille reine et la remplace par une jeune. Il remet alors tous les cadres à leur place. Les abeilles, qui passent beaucoup de temps à se sécher et à assainir la ruche, se familiarisent avec la nouvelle venue et l'adoptent sans difficultés.

Son Excellence le maréchal Vaillant, qui dans sa propriété de Vincennes a pu étudier à loisir la ruche de M. Krug, a fait accorder à cet apiculteur une médaille d'or de l'Empereur.

La Société protectrice des animaux, qui encourage les systèmes propres à empêcher la pratique barbare de l'étouffage, a décerné à M. Krug une de ses médailles d'argent.

Un des membres de cette Société, M. Émile Lefèvre, a publié une intéressante brochure sur cette nouvelle manière de traiter les abeilles.

et à la face opposée une entrée des mouches avec grille pouvant se lever à volonté ou s'abaisser pour éviter l'essaimage; une jolie ruche de M. Gérardin, instituteur à Omelmont (Meurthe), de bonne forme pour placer au milieu d'un jardin, assez exhaussée sur quatre tiges étroites pour gêner beaucoup les limaces et les escargots, à toit à quatre pans dont le dessus permet de poser un vase de fleurs ou une statuette; des appareils de M. Carbonnier pour manipuler et nourrir les abeilles.

Le grand intérêt de l'exposition apicole de la Suisse, ce pays privilégié du miel parfumé, m'oblige à la placer avant l'Angleterre, bien qu'elle offre moins d'objets. Elle est disposée dans une galerie annexe, avenue Suffren. La ruche la plus remarquable et une des plus heureusement imaginées de toute l'Exposition, est celle de M. Mona, de Faido (Tessin), pouvant servir pour l'observation et pouvant s'exploiter de la manière la plus commode. C'est une ruche en bois à cadres verticaux, mobiles chacun autour d'une tringle verticale ou charnière, de sorte que, la portière ouverte, les feuillets avec leurs gâteaux se déboîtent et s'étalent en éventail comme les feuilles d'un livre ouvert; l'idée est très-heureuse. M. Carey, de Genève, présente une ruche de bois à quatre hausses carrées, déjà vue à l'exposition apicole du Jardin d'acclimatation, en 1863; deux ruches à hausses mixtes, chacune à deux parties circulaires en paille et deux parties quadrangulaires en bois, plus divers appareils de manipulation d'apiculture. Une très-curieuse spécialité, à peine connue en France, est celle de M. Pierre Jacob, à Fraubrunnen, canton de Berne. Il fabrique, au moyen d'un gaufrier où l'on coule de la cire fondue, des gaufres en cire plates, présentant des compartiments hexagonaux ayant la dimension des alvéoles naturels. On attache verticalement ces gaufres dans les cadres des ruches, en les collant au bord supérieur, et les abeilles trouvent ainsi une paroi factice contre laquelle elles adaptent leurs alvéoles en remaniant la cire, de sorte que la gaufre devient partie intégrante du gâteau.

La Grande-Bretagne, dans l'annexe de l'avenue Suffren près du chemin de fer, a une exposition assez considérable de ruches, dues surtout à deux fabricants. On est frappé au premier abord de l'aspect à la fois élégant et compliqué de ces ruches, ornementées, munies de cheminées d'aérage, de cloches de verre, de thermomètres. Ce sont à la fois des ruches et des jouets. Leur prix est élevé, elles sont destinées à orner des parcs et des jardins, à distraire la famille et les visiteurs non moins qu'à donner du miel.

L'Angleterre, en effet, a peu d'éducations apicoles rustiques; son climat humide, sa flore insulaire peu variée, ses vastes prairies naturelles et ses céréales, la rendent médiocrement productrice de miel. M. Pettitt, de Douvres, présente une ruche en bois quadrangle, à cadres verticaux internes, avec regards vitrés et bouchés sur les faces, une autre dont les faces sont en glaces, d'autres octogones en bois, à hausses, avec des regards vitrés et des thermomètres à l'intérieur. La température s'élève d'autant plus dans les ruches que les abeilles sont plus actives, l'élévation de la colonne indicatrice donne des signes avant-coureurs de l'essaimage, fait reconnaître le réveil des insectes au printemps et la nécessité de les nourrir, etc. Cette idée de thermomètres à demeure dans les ruches est due au célèbre naturaliste Newport, à propos de ses expériences sur la chaleur des insectes (*Philos. trans.*, 1837). La plus curieuse des ruches de M. Pettitt est une ruche en bois, recouverte de peinture blanche à filets dorés, de l'invention du major Munn's, présentant des cadres intérieurs, recouverte d'un toit peu aigu, mais dont la forme est à section triangulaire avec le sommet en bas, ce qui, dit M. Pettitt, est la configuration qui se rapproche le plus du nid des abeilles redevenues sauvages. On voit aussi un cadre isolé d'observation à deux glaces et des appareils manipulateurs. Les appareils de MM. George Neighbour et fils, de Londres, sont d'un prix plus élevé que ceux de M. Pettitt. Ce sont de nombreuses ruches de toutes formes, toutes chères, même la ruche rustique ou de cottage, cylindrique en paille, avec calotte de paille munie d'un regard vitré. Les ruches, dites communes, ont deux compartiments séparés par un plancher en bois percé dans le haut d'une cheminée d'aérage en tôle. Viennent encore des ruches écossaises octogones, à quatre hausses, en bois peint en rouge; ces ruches se séparent en deux moitiés qui sont à volonté corps de ruche et calotte; des ruches tout en verre avec petite calotte supérieure en verre et tuyau médian d'aérage; quelques triangles en bois sont disposés dans le haut du corps de ruche en verre; une ruche vitrée sur les quatre faces; une immense ruche d'observation, formée d'un seul grand cadre à deux glaces, avec six compartiments internes, et deux persiennes; des vêtements de sûreté pour les apiculteurs, en filet noir, etc. Un apiculteur d'Irlande, M. Lovey, a envoyé une ruche à dessus mobile s'agrandissant à volonté.

Dans le châlet russe (isba, maison de paysan) construit dans l'avenue Suffren, en face des écuries de l'empereur de Russie, sont des ruches qui nous étonnent immédiatement par leurs dimensions considérables. Les deux plus grandes sont exposées par M. Vélikdane, de Tchernigov, qui a fondé, en 1828, un établissement d'apiculture pour 1500 à 2000 ruches de diverses constructions et particulièrement du système Prokopovitch, auquel appartiennent les deux ruches précitées; l'une est en bois, l'autre en paille, à cela près pareilles. Les parois sont très-épaisses, celles de paille de 4 centimètres environ. Les climats rigoureux de la Russie expliquent cette précaution, et ces ruches peuvent aussi très-bien convenir à la Provence, à l'Italie, à l'Espagne, à l'Algérie par la raison opposée. Elles préservent à la fois les abeilles contre le refroidissement et l'insolation. Ces ruches ont plus d'un mètre de haut sous le toit et sont en forme de prisme rectangle de 50 centimètres environ de large. Elles semblent au dehors offrir quatre étages, mais les trois supérieurs seulement ont sur une face des portes d'abeilles; celui du bas est, je crois, un nourrisseur où l'on dépose du miel au besoin dans les hivers doux. Trois volets s'ouvrent sur les trois divisions du haut, ayant chacune des rangées de cadres mobiles et communiquant entre elles. Chaque année on enlève un des étages de gâteaux et on le remplace par des cadres vides, de sorte que la récolte complète du miel dure trois ans, et qu'on n'est jamais obligé de tuer les abeilles. Alors on renverse la ruche de la base au sommet et l'on recommence la rotation triennale. Ces ruches énormes sont appropriées à une flore mellifère très-développée sur les lisières des grandes forêts; la Russie et la Pologne fournissent au commerce des quantités considérables de miel.

Les ruches Propokovitch peuvent donner jusqu'à 64 kilogrammes de miel et de cire. Les abeilles, qui essaiment de juin en juillet, selon les localités, donnent des essaims pesant 6 livres russes, environ $2^k,5$. L'apiculture, favorisée en Russie par la cherté du sucre et par le nombre considérable des cierges brûlés dans les églises, est une branche de l'agriculture des plus lucratives pour les petites bourses. La consommation annuelle de miel indigène s'élève à 12 millions de kilogrammes et celle de la cire à 3 millions et demi, et la valeur totale des produits des abeilles est au moins de 16 millions de francs (1). Le foyer principal de l'éducation des abeilles est la Petite-Russie et le nord de la Russie méridionale. On y compte de 400 à 500 000 ruches par chaque gouvernement. Dans ces contrées, les champs arables et les prairies sont constamment entre-

(1) Je remercie beaucoup M. de Bourakoff, délégué à la section russe, des renseignements qu'il a bien voulu me fournir avec tant d'obligeance.

coupés par de petites forêts contenant les essences suivantes : tilleul, érable, chêne, frêne, orme, cerisier mahalep, poirier et pommier sauvages, prunellier, bouleau, aune, peuplier, sorbier, viorne, aubépine; dans les champs, de même que dans les forêts, les plantes herbacées sont très-variées et successivement en fleurs pendant toute la durée de la belle saison. Les abeilles recherchent beaucoup le tilleul, la vipérine, les borraginées, le sarrazin cultivé pour la nourriture de l'homme, et qu'on sème à leur intention à différentes époques. De même, chez nous, les abeilles de la Bretagne recueillent sur le sarrazin un miel de goût médiocre, mais très-recherché pour la fabrication du pain d'épice. En Russie, 216 établissements occupant 1300 ouvriers préparent, blanchissent la cire, et fabriquent les cierges. Ils existent à Moscou, Koursk, Voroniji, Kharkoff, Kazan, Perm, et surtout au Caucase, à Kieff, Ekatherinoslaff, Vladimir, Jaroslaff et Valogda.

Je crois que nos pays, avec leurs petites cultures morcelées, ne pourraient donner aux abeilles assez de nourriture pour développer une colonie remplissant d'aussi vastes demeures que les ruches de Propokovitch. En ouvrant les portières de ces ruches, je les ai vues remplies de gâteaux de haut en bas, et les abeilles françaises et italiennes du parc, qui les ont envahies au mépris de toutes les convenances internationales, ne tarderont pas à n'y laisser que la cire. On voit ensuite une ruche en châssis, inventée par l'abbé Dolinouski et perfectionnée par M. Adam Mieczinski, rédacteur du *Journal agricole de Varsovie.* C'est encore une ruche énorme, en forme de caisse de bois, ayant près de 1 mètre de long sur 45 centimètres de large environ, et dont l'intérieur est rempli de cadres verticaux mobiles où les abeilles placent leurs gâteaux, le tout avec un couvercle. Les parois de la caisse ont environ 1 décimètre d'épaisseur, ce qui rend cette ruche essentiellement appropriée aux climats les plus froids. Elle donne, dit l'exposant, jusqu'à 40 kilogrammes de miel et de cire blanche dans les bonnes années.

On trouve encore, dans le chalet, divers modèles réduits de ruches de bois; ainsi une ruche de bois en parallélipipède rectangle, à trois hausses, de M. Klykovski, à Kazan, et une à deux hausses, en parallélipipède carré, de M. Rossiénoff, à Kiev, une ruche scientifique en pyramide quadrangle, avec deux portes opposées pour observer les deux pans d'un grand cadre interne, par M. J. Klykovski, à Kazan.

La Prusse a quelques ruches parmi les produits disposés contre le mur extérieur de la galerie des machines. Ce sont une ruche

Dzierzon, de bois, disposée pour l'observation, une énorme ruche d'observation de bois, de M. Frédéric de Buchardi, ayant 1 mètre de haut, rappelant les formes russes à huit compartiments, avec petits cadres et plancher à jour intercalés ; au devant est une porte en forme d'armoire et sur le côté une planchette précédant l'entrée des mouches.

Dans l'annexe des États-Unis de l'avenue Suffren, sont des ruches Langstroth, d'Oxford (Ohio), appartenant aux ruches à cadres. Ce sont de véritables petits monuments de bois que ces longues caisses rectangles, avec cadres mobiles internes disposés en deux sens, les uns selon la plus longue dimension, les autres suivant la plus courte. Ces ruches indiquent des pays dont la flore mellifère abondante développe de riches colonies. La même galerie contient des ruches du Canada. Ce sont la ruche de la fermière canadienne, à corps de paille et chapiteau de bois, exposée par M. Th. Valiquet, et des ruches à cadres mobiles avec chapiteau de bois logeant des vases de verre.

Dans le parc, les yeux sont attirés par un petit château à clochetons, orné de glaces. C'est une ruche à cadres mobiles intérieurs, de M. Valentin Golz, de la Hesse, habitée par une colonie d'abeilles italiennes très-actives, car elles ont fourni deux essaims en juillet, alors que l'essaimage était terminé à Paris.

Dans le palais, à la galerie des machines, on trouve, au Danemark, une très-grande ruche à quatre étages, à cadres mobiles. C'est une ruche Dzierzon, ayant l'aspect d'une guérite de 2 mètres de haut, aux portes et parois garnies de paille épaisse, construite par M. Nielsen, de Copenhague.

Les autres insectes utiles ne sont pas longs à passer en revue. Je n'ai pas trouvé de cochenilles ; j'ai rencontré une boîte d'échantillons de cantharides, fort singulièrement placée au milieu des produits alimentaires de la Hongrie, et de belles noix de galle dans l'exposition turque des produits importés par la maison Ovaness Dédeyan. On sait qu'un cynips (Hym.), le *Cynips gallæ tinctoriæ*, dont on ne connaît que la femelle, développe, par sa piqûre, ces excroissances destinées à abriter et à nourrir ses larves sur les chênes de la Syrie. L'acide tannique très-pur en forme la partie principale. Nos chênes présentent, en France, une espèce de galle due à un autre cynips, presque aussi dure que celle d'Orient ; mais bien moins riche en tannin, et d'ailleurs rare.

III. — COLLECTIONS ENTOMOLOGIQUES.

APPAREILS D'ENTOMOLOGIE APPLIQUÉE.

La Société d'acclimatation n'est intéressée que d'une manière fort indirecte aux collections d'étude; je vais cependant m'efforcer de trouver çà et là quelques faits qui peuvent rentrer dans le programme de ses travaux.

Dans la galerie II, M. Mocquerys, d'Évreux, déjà connu aux Expositions précédentes par des envois de même genre, a exposé, près des préparations anatomiques, une série de cadres consacrés à un seul ordre d'insectes, celui qui est le plus étudié, les coléoptères. On y trouve les dégâts des scolytes, bostriches, cérambycides, lucanides, ravageurs des forêts, les coléoptères des légumes et fruits secs (bruches, charançons), les coléoptères nuisibles aux arbres fruitiers, à la vigne, aux céréales, aux plantes industrielles, notamment les divers hannetons et leurs vers blancs; l'eumolpe, ou écrivain, ennemi de nos vignes, les apions, les criocères, le colaspe ou négril qui dévaste les luzernes du Midi, etc. La partie de cette exposition qui nous regarde davantage est celle des coléoptères utiles, dont on doit encourager la propagation. Un cadre contient la série des carabes, des calosomes, des silphes, des staphylins, des coccinelles, tous d'espèces françaises, qui détruisent en si grand nombre les insectes nuisibles à nos cultures. Je voudrais voir un cadre de ce genre dans chacune de nos écoles primaires, afin d'enseigner aux enfants le respect qui est dû à ces protecteurs de nos récoltes aussi bien qu'aux nids des oiseaux insectivores. C'est un chagrin pour moi, dans mes promenades aux environs de Paris, de voir écrasés dans tous les sentiers ces brillants carabes dorés, qui sont les ennemis les plus acharnés des vers blancs. Un autre cadre renferme les coléoptères vésicants, ceux qui sont employés, les cantharides et les mylabres, et ceux qui pourraient l'être, les cérocomes et les méloés. Il faudrait ajouter aux espèces d'Europe une espèce de l'Amérique du Sud, la *Lytta punctata*, à laquelle on attribue les propriétés vésicantes de notre cantharide, sans y joindre les dangereux effets toxiques; elle pourra devenir l'objet d'un commerce important, car on ne peut aucunement songer à acclimater ce genre d'insectes, dont les larves, encore à peine connues, vivent en parasites dans les nids des mellifiques sociaux, se cramponnant à leurs poils quand ces insectes viennent butiner sur les fleurs. Un dernier cadre de M. Mocquerys réalise une application très-curieuse, due à M. Reiche, membre de la Société entomologique. Certains coléoptères peuvent servir à reconnaître la pureté des laines en signalant les mélanges frauduleux de laines de valeur inférieure et d'une autre provenance. On voit dans ce cadre les coléoptères qu'on trouve mêlés aux laines de Russie, d'Australie, du Maroc, d'Espagne et de Buénos-Ayres, et comme ces localités ont des faunes parfaitement distinctes, on comprend immédiatement leur usage comme expertise.

J'ai trouvé dans le palais quelques cadres, assez incomplets et médiocrement préparés, de tous les états des sauterelles (*Acridium peregrinum*) qui ont dévasté l'Algérie en 1866, et destinés aux collections de l'enseignement professionnel. Au ministère de l'instruction publique se trouve exposée une belle collection d'insectes provenant du Mexique et récoltés par M. Boucard. Elle ne contient rien qui concerne les applications. Je n'y ai pas trouvé le *Bombyx psidii* (Sallé) indiqué autrefois par moi dans nos *Bulletins* comme donnant une soie utilisable et qui serait peut-être un objet d'exportation ailleurs que dans ce triste pays.

Dans les matières premières de la Prusse, à côté des ruches du docteur Pollmann, de Bonn, est une très-intéressante collection d'apiculture du même exposant. Dans une série de cadres se trouvent des reines, des mâles, des ouvrières des espèces ou races des *Apis mellifica* et *ligustica*, les métis, les abeilles dites noires, les mâles avec organe saillant prêts à la fécondation, les cellules des diverses abeilles, les nymphes, les larves, la mère dans la cellule royale, les gaufres de cire pour aider à la confection des gâteaux, du couvain sain et du couvain atteint de pourriture. D'autres cadres contiennent les ennemis des abeilles, ainsi que les deux espèces de teignes de la cire (*Galleria cerella* et *colonella*), avec les gâteaux où elles enlacent leurs fils, les abeilles qui y meurent captives, et les cocons; les frelons, les guêpes, les bourdons, tous friands de miel, le pou de l'abeille (*Braula cæca*), l'*Acherontia Atropos*, énorme sphinx qui bouleverse les gâteaux, les forficules, les araignées, les cloportes, les fourmis; divers oiseaux qui dévorent les abeilles, fauvettes, hirondelles, rouges-gorges, bergeronnettes, pic-vert, pic-épeiche, enfin le mulot et jusqu'à un petit ours de carton. Je signale un oubli à M. Pollmann, ce sont des hyménoptères fouisseurs, le *Philanthus apivorus* en France, le *Philanthus Abd-el-Kader* en Algérie, qui emportent les abeilles dans leurs nids. A cette collection apicole est joint un herbier apicole, des plantes à miel qu'il est bon de cultiver autour des ruches, du prix de 75 francs. Ces collections sont à recommander pour les écoles normales primaires.

L'Académie impériale et royale d'agriculture d'Autriche, dans une très-remarquable exposition du maïs, de ses maladies, de ses produits, a joint à ses divers spécimens un cadre de tous les insectes qui nuisent à cette céréale. Dans l'annexe italienne est une collection des insectes nuisibles de ce pays, surtout de lépidoptères et de coléoptères, envoyée par la Société agricole de Bologne. J'y ai remarqué la *Procris ampelophaga*, lépidoptère fort dangereux pour les vignes italiennes, qui, heureusement pour nous, n'a pas passé les Alpes, et la *Vanessa polychloros*, notre grande tortue, qui paraît beaucoup plus nuisible en Italie qu'en France.

Je citerai, comme sans intérêt pour nous, la collection d'insectes de l'isthme de Suez, celle de la Roumanie, la curieuse collection de Coléoptères du Maroc, de M. L. Dupuis; il est juste de faire mention de la magnifique collection locale de l'île de Cuba, envoyée par M. Gundlach (annexe espagnole), et qui présente le plus grand intérêt de géographie zoologique, et la belle collection du docteur Abdullah bey (médaille d'or), destinée à former le premier noyau d'un musée d'histoire naturelle à Constantinople, pour lequel le sultan Abd-ul-Aziz a accordé un firman; espérons que l'Exposition universelle et la visite en France de ce souverain, qui a osé braver des préjugés séculaires pour sortir des mystérieuses profondeurs de l'Orient, hâteront la réalisation de cette nouvelle importation civilisatrice. La collection des insectes du Canada renferme les *Attacus luna*, *cecropia*, *polyphemus*, *prometheus* (l'*A. cecropia* se trouve aussi dans la collection de la Nouvelle-Écosse). Il y a là un fait intéressant pour nous. L'éducation de ces producteurs de soie est essayée en Europe, et l'on voit que le climat leur convient, puisqu'on les rencontre à l'état libre dans ces régions septentrionales de l'Amérique.

Le Japon a envoyé une collection d'insectes, piqués sur soie, et dont les cadres sont faits dans le pays, malheureusement sans aucune indication. J'ai pu, à son inspection, éclaircir un fait d'une certaine valeur. On y voit figurer l'*Attacus Artemis* (Bremer), espèce à ailes caudées du nord de la Chine et de la Sibérie orientale, et à côté son cocon, jusqu'ici inconnu, qui nous apprend que cet insecte ne peut se ranger dans les producteurs de soie. Ce cocon est en effet à claire-voie, comme celui de l'*Attacus trifenestratus*, de Java, et de l'*Aglia tau*, bombycien si commun dans la forêt de Saint-Germain.

Les cocons ne sont pas liés aux affinités zoologiques. Les autres *Attacus* à queue ont des cocons soyeux, ainsi que les *A. luna* de l'Amérique, *selene* de l'Inde, et l'*A. Isabellæ*, forme exotique égarée au centre de l'Espagne dans une localité restée secrète jusqu'à présent.

Le Vénézuela a exposé un cadre de morphos contenant des *Morpho Cypris* et un *Morpho amathonte*, et la Guyane anglaise des *Morpho Menelas* et *rhetenor*. Ces splendides papillons bleus de l'Amérique équinoxiale sont recherchés aujourd'hui dans le commerce pour la parure des dames; il semble que ce soit pour cet usage que les entomologistes leur ont réservé les noms les plus doux de la mythologie antique. On les fixe dans les cheveux, après avoir consolidé en dessous leurs ailes éclatantes au moyen de crêpe apprêté, ou bien, enchâssés dans du mica, ils forment, entourés de pierres précieuses, des broches du plus riche aspect. Il y a peu d'années, le *Morpho Cypris*, à l'azur chatoyant semé de macules de nacre, reçut sa consécration pour la mode européenne en figurant dans la coiffure de l'Impératrice des Français.

La collection d'insectes de l'Australie contient une grande espèce d'hépiale (lépidoptères), le *Strigops grandis*, dont les longues et grasses chenilles vivent dans les troncs et les racines des casuarinas. Les naturels australiens sont très-friands de ces larves dodues, qu'ils mangent avec délices. De même des larves des coléoptères phytophages, qui vivent dans les chênes, figuraient sur les tables romaines sous le nom de *Cossus*, et les dames demandaient, dit-on, à leur crème délicate, le secret d'un embonpoint qui prolongeait leur beauté. En Orient, on mange les sauterelles salées et grillées; en Chine, les chrysalides cuites du ver à soie. Les habitants de Madagascar aiment beaucoup les chrysalides. Lors de la dernière ambassade française envoyée au malheureux Radama II, son fils, enfant de dix ans, avait les poches pleines de chrysalides frites dont il se régalait pendant la réception. Nous mangeons avec grand plaisir beaucoup de crustacés; qui sait si nous n'arriverons pas aux insectes en hors-d'œuvre.

Je dois me détacher de tous ces sujets, qui sont un peu trop des digressions hors de notre domaine, pour réserver la fin de ce rapport aux instruments destinés à combattre les ravages des insectes. Nous trouvons en première ligne le poulailler roulant de M. Giot, exposé dans sa ferme, près de la porte qui regarde l'École-Militaire. Les hannetons exercent des dégâts qui croissent chaque année; et qui, près de Paris, sont favorisés par le mode actuel de culture, renouvelant sans cesse dans le sol, continuellement remué, l'air et les jeunes racines si favorables à leurs larves (1). Ils ont le privilége en France d'exciter aussitôt l'esprit de facétie, plus dangereux fléau encore que tous les insectes. M. Giot a eu l'esprit de laisser rire et, depuis 1861 où ils figurèrent à l'exposition agricole, ses poulaillers roulants, qui ont réalisé une ancienne idée de Parmentier, fonctionnent à la ferme de Chevry-Cossigny (près Brie-Comte-Robert, Seine-et-Marne). Depuis plusieurs années j'ai pu les étudier sur place pendant plusieurs mois. Qu'on imagine une voiture en forme d'omnibus, assez légère pour qu'un seul cheval puisse la traîner dans les terres labourées, contenant de 200 à 300 poules et coqs, avec leur perchoir et une porte s'abaissant en pont-levis pour laisser entrer et sortir les volailles, on aura l'idée exacte du poulailler roulant. On amène la voiture dans le champ criblé de vers blancs qui doit subir un labour, puis un hersage. Aucun gardien, pas d'autres soins que de l'eau dans une auge à la portée des poules.

Les laboureurs ouvrent le matin la porte du poulailler et la ferment le soir au cadenas. La voiture et son peuple ailé demeurent ainsi seuls pendant la nuit, sous la protection dont la loi couvre tous les instruments agricoles au milieu de nos campagnes. Les poules suivent en grand nombre la charrue et la herse et picorent dans un rayon étendu autour de la demeure mobile qui leur sert de point de ralliement. Comme elles sont inégalement voraces, il faut un poulailler assez nombreux si l'on veut que son emploi ait de l'efficacité. En outre, les poules sont surtout avides de larves depuis le matin jusqu'à midi, puis elles mangent peu. Elles sont plus utiles avant la moisson qu'après, car alors elles se gorgent de grains dont la digestion est lente, tandis que les vers blancs se digèrent très-vite et qu'une poule gloutonne peut en avaler plusieurs centaines par jour, ses déjections devenant ainsi le meilleur moyen d'utiliser le ver blanc comme engrais. Les poules nourries à la ferme, exclusivement avec des vers blancs morts qu'on leur apporte, ne tardent pas à devenir malades et à donner des œufs d'un goût détestable. C'est aussi ce qui arrive pour les poules, dans nos départements de grande sériciculture comme la Drôme, où ces volailles sont nourries avec les vers à soie morts et les chrysalides

(1) Il est bon d'observer que les herbages de la Normandie qui ne sont pas labourés sont périodiquement ravagés par le ver blanc; la culture n'est donc pas la seule cause de développement de la larve du hanneton.

étouffées. On ne mange pas alors leurs œufs; il est vrai qu'ils ne sont pas perdus, car on a soin de les exporter à Marseille. Rien de pareil n'arrive avec les poulaillers roulants; là les poules ne rencontrent que des vers blancs vivants et en bonne santé; de plus leur instinct leur fait joindre à ces aliments des graines et des herbes. J'ai souvent mangé des œufs du poulailler roulant, fonctionnant depuis plusieurs jours, je n'ai pas trouvé de différence de goût avec les œufs journellement consommés à Paris; leurs jaunes sont très-colorés et excellents dans la cuisine pour la liaison des sauces. Quant à la chair, il est facile de remettre quelques jours les volailles à la ferme avant de les manger. Je ne prétends pas dire que les poulaillers roulants détruiront tous les vers blancs; il faudrait contre les insectes nuisibles des réglements généraux, non-seulement promulgués, mais surtout strictement exécutés partout à la fois, et nous en sommes loin. Les poulaillers roulants peuvent être utiles surtout parce qu'ils sont bien moins coûteux que le ramassage des vers blancs à la main, le produit des œufs pouvant compenser la dépense en partie.

A Billancourt, sous le hangar B, est exposée la machine échenilleuse de M. Badoua-Gommard, de Toulouse, destinée à débarrasser de leurs insectes dévastateurs les fourrages naturels et artificiels et surtout les luzernes ravagées par le *négril* (*Colaphus ater; Eumolpides, Coléoptères*), elle peut être manœuvrée à la main par une seule personne, en parcourant en un jour trois hectares de prairies. A l'arrière est une vanne inclinée, en treillis de toile, courbant les fourrages sans les casser et faisant tomber en même temps les insectes dans une sorte de bâche antérieure de tôle demi-cylindrique, dans laquelle on les ramasse avec une large cuiller de fer-blanc. A côté, sous le même hangar, est un appareil d'aspect assez bizarre imaginé par M. Rigon, de Chelles (Seine-et-Marne). C'est un bicône élevé de plus d'un mètre, muni d'un manche, de toile métallique, se posant par terre sur l'orifice des guêpiers de la guêpe commune, ou, au moyen d'un disque de caoutchouc, qui en entoure la base, sur les arbres et contre les murs, pour les guêpiers des frelons, de la guêpe des arbres et des polistes. On adapte l'appareil le soir ou le matin à l'orifice du guêpier, alors que tous les insectes sont rentrés; on entoure la base de terre tassée pour éviter les fuites et arrêter l'air. On ouvre ensuite un registre, les guêpes pour respirer sont forcées de monter dans le bicône où on les flambe. Cet appareil peut aussi servir pour s'emparer des essaims d'abeilles mal placés. Malheureusement, s'il est construit en fer, il est altérable, et en cuivre, son prix est trop élevé. Je crois que le meilleur moyen pour diminuer le nombre des guêpes est de chasser au filet, au printemps, les mères guêpes, source des colonies dévastatrices de l'automne, en les attirant au moyen de groseilliers cassis en fleurs, sur lesquelles elles se jettent avec frénésie.

Dans la classe XLIII, au palais, se rencontrent les diverses poudres insecticides Vicat, Zacherl (médaille de bronze), Mazade et Daloz, Willemot, avec nombreux échantillons de pyrèthre du Caucase. Les exposants de ce genre sont trop enclins à la réclame, en voiture et sur les murailles, pour que je m'y arrête. L'effet de ces poudres est incontestable, au moins sur certains insectes; il est probable qu'il y a à la fois action toxique spéciale et asphyxie résultant de l'occlusion des stigmates ou orifices des trachées respiratoires par une matière pulvérulente très-ténue.

Paris. — Imprimerie de E. MARTINET, rue Mignon, 2.

TABLE DES MATIÈRES

Paris. — Imprimerie de E. Martinet, rue Mignon, 2.

www.ingramcontent.com/pod-product-compliance
Ingram Content Group UK Ltd.
Pitfield, Milton Keynes, MK11 3LW, UK
UKHW022147190726
13855UKWH00004B/1378